BEI GRIN MACHT SICH IHR WISSEN BEZAHLT

- Wir veröffentlichen Ihre Hausarbeit, Bachelor- und Masterarbeit

- Ihr eigenes eBook und Buch - weltweit in allen wichtigen Shops

- Verdienen Sie an jedem Verkauf

Jetzt bei www.GRIN.com hochladen und kostenlos publizieren

Bibliografische Information der Deutschen Nationalbibliothek:

Die Deutsche Bibliothek verzeichnet diese Publikation in der Deutschen National-
bibliografie; detaillierte bibliografische Daten sind im Internet über http://dnb.d-
nb.de/ abrufbar.

Impressum:

Copyright © 2015 GRIN Verlag, Open Publishing GmbH
Druck und Bindung: Books on Demand GmbH, Norderstedt Germany
ISBN: 978-3-668-09235-8

Dieses Buch bei GRIN:

http://www.grin.com/de/e-book/310582/der-goldene-schnitt-als-irrationale-zahl-
eine-approximation-durch-kettenbrueche

Sevim Toker

Der Goldene Schnitt als irrationale Zahl. Eine Approximation durch Kettenbrüche und Fibonacci-Zahlen

GRIN Verlag

GRIN - Your knowledge has value

Der GRIN Verlag publiziert seit 1998 wissenschaftliche Arbeiten von Studenten, Hochschullehrern und anderen Akademikern als eBook und gedrucktes Buch. Die Verlagswebsite www.grin.com ist die ideale Plattform zur Veröffentlichung von Hausarbeiten, Abschlussarbeiten, wissenschaftlichen Aufsätzen, Dissertationen und Fachbüchern.

Besuchen Sie uns im Internet:

http://www.grin.com/

http://www.facebook.com/grincom

http://www.twitter.com/grin_com

Inhaltsverzeichnis

1 Einleitung

„Geometrie besitzt zwei große Schätze: einer ist das Theorem des Pythagoras; der andere ist die Teilung einer Linie in das äußere und mittlere Verhältnis. Die erste mögen wir mit dem Wiegen des Goldes vergleichen, die zweite verdiente den Namen eines Edelsteins.“

Johannes Kepler (1571-1630)

Ein Ganzes wird so geteilt, dass der kleinere Teil sich zum größerem so verhält, wie der größere zum Ganzen. Dies ist die als Goldener Schnitt bezeichnete asymmetrische Aufteilung einer Strecke, die jahrhundertelang viele Menschen, darunter vor allem die Mathematiker beschäftigt hat. So befassten sich bereits die griechischen Mathematiker der Antike mit dem Teilungsverhältnis, da es in ihren geometrischen Untersuchungen häufig vorkam.

Der Goldene Schnitt wird meist mit dem griechischen Buchstaben φ (Phi) bezeichnet. Diese Bezeichnung geht auf den griechischen Bildhauer und Mathematiker *Phidias* (490 - 430 v. Chr.) zurück, der den Goldenen Schnitt als erster auf seine Skulpturen angewandt haben soll. Nach ihm haben sich sehr viele andere wichtige Mathematiker mit der Goldenen Zahl beschäftigt [7, 9, 15]:

Platon (427 - 347 v. Chr.) beschrieb in seinem Werk *Timaios* die fünf platonischen Körper. Hierbei spielte der Goldene Schnitt eine herausragende Rolle. Erstmals wurde der Goldene Schnitt (vermutlich) von *Euklid* (325 - 262 v. Chr.) mathematisch formuliert und festgehalten. Euklid verfolgte hauptsächlich das Interesse, den Goldenen Schnitt geometrisch zu interpretieren und wandte ihn bei der Konstruktion des Pentagramms an. Ein wichtiger Höhepunkt in der Geschichte des Goldenen Schnitts war die Entdeckung der Fibonacci-Folge durch den italienischen Mathematiker *Leonardo von Pisa* (1170 - 1250), bekannt als Leonardo Fibonacci. Fibonacci selber war unwissend von dem Zusammenhang seiner Zahlenfolge und dem Goldenen Schnitt. Die Entdeckung dieses Zusammenhangs gelang *Johannes Kepler* (1571 - 1630) bei der Untersuchung der Umlaufbahnen der Planeten. Er zeigte eine große Faszination zu dem Goldenen Schnitt, dass er ihn als "kostbaren Edelstein"bezeichnete (vgl. Zitat).

Obgleich der Goldene Schnitt sehr lange Zeit die Mathematik beschäftigt hat, ist der Ursprung des Begriffs Goldener Schnitt umstritten. Er taucht als Bezeichnung als diese erstmals bei *Luca Pacioli* (1445 - 1517) auf. Er führte den Namen *"divina proportione"* - Göttliche Proportion ein. Die eingangs erwähnte symbolische Bezeichnung mit φ ist auf *Mark Barr* (20.Jh.) zurückzuführen.

Diese wichtigen Höhepunkte in der mathematischen Geschichte des Goldenen Schnitts unterstreichen die mathematische Bedeutung und Entwicklung dieser Zahl. Es stellt sich nun die Frage, warum einer mathematisch und geometrisch einfachen Tatsache, wie die Teilung einer Strecke, eine derart wichtige und große Bedeutung innerhalb der Mathematik zugeschrieben worden ist.

Die Antwort auf diese Frage liegt in dem Goldenen Schnitt selber: die Teilung im goldenen Verhältnis wird als besonders harmonisch empfunden und fand deshalb beispielsweise in der Kunst, Architektur und Musik starke Verwendung. Darüber hinaus kommt der Goldene Schnitt mit erstaunlicher Häufigkeit und Vielfalt in der Natur vor. Proportionen die dem Goldenen Schnitt entsprechen finden wir überall in der belebten Natur. Beispielsweise spiegeln die charakteristische Blattstellung vieler Pflanzen oder die menschlichen Proportionen den Goldenen Schnitt wieder. Diese Zahl wird daher als Schöpfungsprinzip gesehen, da sie die Welt mit erstaunlicher Präzision beschreibt und sie fasziniert nicht nur, weil sie unsere Umgebung und Welt prägt: anders als die Symmetrie, die wir klar als Zweiteilung auffassen, folgt der Goldene Schnitt einem mathematischen Konzept, das auf dem ersten Blick nicht erkennbar ist. Er hat nämlich sehr außergewöhnliche und einzigartige Eigenschaften.

Da der Goldene Schnitt eine derart wichtige Stellung innerhalb der Mathematikgeschichte einnimmt und besondere mathematische Eigenschaften zeigt, beschäftigt sich die vorliegende Arbeit mit dieser Zahl.

Darstellung des Aufbaus

Die Arbeit beginnt mit der Definition des Goldenen Schnitts. Im weiteren Verlauf werden wir zunächst die Irrationalität von φ zeigen und uns dann näher mit der Approximation dieser Zahl auseinandersetzen. Dabei nehmen wir hauptsächlich die Approximation durch Kettenbrüche in den Blick, da diese nach dem Satz von Lagrange beste Approximationen liefern. Um diesen Satz nachzuvollziehen, zu beweisen und die Approximation durchführen zu können, greifen wir die Theorie der Näherungs- und Kettenbrüche auf und übertragen dann schließlich unsere Ergebnisse auf φ. In diesem Zusammenhang werden wir sehen, dass φ so irrational wie möglich ist. Letztlich betrachten wir als zweiten Ansatz die Annäherung des Goldenen Schnitts durch Fibonacci-Zahlen.

2 Definition des goldenen Schnitts

Vorwissen

In der Mathematik drückt die Proportion ein Vergleich zweier Verhältnisse aus. Für den Vergleich wird der Quotient zweier Größen a und b gebildet ($\frac{a}{b} = a : b$), diesen Quotienten nennt man das Verhältnis der beiden Größen a und b. So ist eine Proportion eine besondere Gleichung, die sich aus zwei solchen Verhältnissen zusammensetzt ($\frac{a}{b} = \frac{c}{d}$).

Wenn wir nun diese Definition der Proportion beim Goldenen Schnitt anführen, dann ist sie in diesem Sinne eine Bezeichnung für eine exakt definierte Verhältnisgleichung: Das Ganze steht zum Großen genau im selben Verhältnis wie das Größere zum Kleineren. Wir werden sehen, dass jede gegebene Strecke genau zwei Punkte besitzt, an dem diese erfüllt ist. Außerdem wird sich in Kapitel 3.1 herausstellen, dass das Teilungsverhältnis des Goldenen Schnitts, das das griechische Symbol φ (Phi) trägt, eine irrationale Zahl ist, das sich nicht als Quotient zweier ganzer Zahlen darstellen lässt.

Wir folgen im weiteren Verlauf dieses Kapitels der Darstellung von Beutelspacher [1]. Der Goldene Schnitt wird bereits im ersten Buch der Mathematikwelt *„Elemente des Euklid"* 300 vor Chr. von *Euklid* beschrieben, definiert und behandelt [1]. Er beschreibt den Goldenen Schnitt als Aufgabe:

„Eine gegebene Strecke ist so zu teilen, dass das Rechteck aus der ganzen Strecke und dem einen Abschnitt dem Quadrat über dem anderen Abschnitt gleich ist."

Es soll nicht weiter darauf eingegangen werden, ob der Goldene Schnitt vor Euklid auch schon vorgekommen ist. Die heutige, viel gängigere Definition des Goldenen Schnitts ist die Folgende:

Definition 2.1. Sei $\overline{AB}$ ($A \neq B$) eine Strecke. Ein Punkt S ($S \neq A, S \neq B$) von $\overline{AB}$ teilt $\overline{AB}$ *im goldenen Schnitt*, falls sich die größere Teilstrecke zur kleineren so verhält, wie die Gesamtstrecke zum größeren Teil.

Dieses Verhältnis heißt φ. Wir werden sehen, dass $\varphi = \dfrac{1 + \sqrt{5}}{2}$.

Bemerkung 2.2. Es existieren immer zwei Punkte, die eine gegebene Strecke $\overline{AB}$ im goldenen Schnitt teilen können, je nachdem, ob der kleinere Streckenabschnitt bei A oder B ist. Um S eindeutig zu bestimmen, wird der Teilungspunkt S so gewählt, dass den jeweils größeren Teil, die Strecke $\overline{AS}$ bildet. Mit dieser Vereinbarung kann die obige Definition folgendermaßen umformuliert werden: Der Punkt S teilt $\overline{AB}$ im goldenen Schnitt, wenn gilt:

4

$$\frac{|AS|}{|SB|} = \frac{|AB|}{|AS|}$$

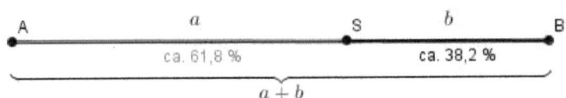

$$\text{Abbildung 1: } \frac{a}{b} = \frac{a+b}{a}$$

Bemerkung 2.3. Sei a die Länge der Strecke $\overline{AS}$ und b die Länge der Strecke $\overline{SB}$. Ein Punkt S von $\overline{AB}$ teilt diese Strecke im goldenen Schnitt, wenn $\frac{a}{b} = \frac{a+b}{a}$.

Satz 2.4. (Goldener Schnitt)
Genau dann teilt ein Punkt S die Strecke $\overline{AB}$ im goldenen Schnitt, wenn $\frac{a}{b} = \frac{1+\sqrt{5}}{2}$ gilt.

Beweis. S teilt $\overline{AB}$ im goldenen Schnitt

$$\Leftrightarrow \frac{a}{b} = \frac{a+b}{a}$$
$$\Leftrightarrow \frac{a}{b} = 1 + \frac{b}{a}$$
$$\Leftrightarrow \frac{a}{b} - 1 - \frac{b}{a} = 0 \quad \text{wir setzen } x = \frac{a}{b}$$
$$\Leftrightarrow x - 1 - \frac{1}{x} = 0$$
$$\Leftrightarrow x^2 - x - 1 = 0$$

Mithilfe der p-q-Formel berechnen wir:

$$x_{1/2} = \frac{1}{2} \pm \sqrt{\frac{1}{4} + 1}$$

So hat diese quadratische Gleichung die beiden Lösungen: $x_{1/2} = \dfrac{1 \pm \sqrt{5}}{2}$. Da wir nach einem Verhältnis gesucht haben, fällt die negative Lösung aus dem Sachzusammenhang. Daraus folgt als positive Lösung dieser quadratischen Gleichung:

$$\frac{a}{b} = \frac{1+\sqrt{5}}{2} = 1{,}618\ldots = \varphi.$$

$\square$

3 Approximation des Goldenen Schnitts

In diesem Kapitel der Arbeit werden die *Irrationalität* des Goldenen Schnitts und ausgehend von dieser Eigenschaft die *Approximation* dieses irrationalen Verhältnisses, zum einen durch *Kettenbrüche* und zum anderen durch die *Fibonacci-Zahlen*, in den Blick genommen. Schließlich werden wir anhand der entwickelten Ergebnisse beschreiben, in welchem Sinne man sagen kann, dass die Zahl φ so irrational wie möglich ist.

3.1 Goldener Schnitt als irrationale Zahl

Wir orientieren uns hier an Menzer [11].

Definition 3.1. Eine reelle Zahl $z \in \mathbb{R}$ wird *irrational* genannt, wenn sie nicht als Quotient zweier teilerfremder ganzer Zahlen ausgedrückt werden kann. Irrationale Zahlen haben unendlich viele, nicht periodische Nachkommastellen. Es gilt $z \neq \dfrac{p}{q}$, für alle $p, q \in \mathbb{Z}$ mit $q > 0$ und $\mathrm{ggT}(p, q) = 1$.

Satz 3.2. (Irrationalität)

Die Zahl $\varphi = \dfrac{1 + \sqrt{5}}{2}$ ist irrational.

Beweis. (*indirekt*) Wir wissen bereits für φ, dass $\varphi^2 - \varphi - 1 = 0$ gilt. Wir nehmen an, φ sei rational, also eine Bruchzahl aus teilerfremden ganzen Zahlen p und q (mit $q > 0$), also $\varphi = \frac{p}{q}$. So gilt

$$\left(\frac{p}{q}\right)^2 - \frac{p}{q} - 1 = 0$$
$$\Leftrightarrow p^2 - pq - q^2 = 0$$
$$\Leftrightarrow p \cdot (p - q) = q^2$$

Daraus folgt, dass $p \mid q^2$. Da $p \mid q^2$ und aufgrund der Teilerfremdheit von p und q und somit auch von p und q^2 als gemeinsamer Teiler nur die 1 in Frage kommt, muss $p = 1$ sein. Analog folgt aus $p^2 = p \cdot (p - q)$, dass auch $q = 1$ ist. Jedoch führt $\varphi = 1$ zu einem Widerspruch, womit φ irrational ist. □

Bemerkung 3.3. Nachdem nun verifiziert wurde, dass φ eine irrationale Zahl darstellt, steht fest, dass es sich als endliche Dezimalzahl der Form $1{,}a_1 a_2 ... a_k$ mit $a_j \in \{0, 1, 2, ..., 9\}$ nicht exakt angeben lässt; andernfalls hätte φ eine Darstellung als Quotient aus zwei teilerfremden ganzen Zahlen und wäre somit rational.

3.2 Approximation durch Kettenbrüche

Ausgehend von der Irrationalität des Goldenen Schnitts stellt sich nun die Frage, wie und durch welche (unkürzbaren) Brüche $\frac{p}{q}$ ($p, q \in \mathbb{Z}, q > 0$ und $\mathrm{ggT}(p,q) = 1$), φ gut *approximiert*, also angenähert werden kann. Die Zahl φ ist beispielsweise neben der Kreiszahl π (Pi) oder der Eulerschen Zahl e eine der eingehend untersuchten „besonderen Zahlen" innerhalb der Mathematik. Es wurden dementsprechend viele verschiedene Möglichkeiten entwickelt, die Zahl und insbesondere die Dezimalstellen dieser Zahl anzunähern. Das gesamte Spektrum der mathematischen Möglichkeiten, die Zahl φ zu approximieren, kann im Rahmen dieser Arbeit nicht vollständig dargestellt werden, stattdessen sollen zwei Möglichkeiten der Approximation ausgewählt, systematisch erarbeitet und auf φ übertragen werden.

Vorwissen

Vor der Entdeckung der irrationalen Zahlen durch die Pythagoreer, galt die Überzeugung, dass jede Zahl in Verhältnissen ganzer Zahlen ausgedrückt werden kann. Die Pythagoreer kannten also nur sogenannte *kommensurable* Proportionen. Dass das Verhältnis der Seiten und der Diagonale eines Quadrates nicht in ganzen Zahlen dargestellt werden kann, also *inkommensurabel* sein muss, war der Beweis für die Existenz der irrationalen Zahlen [7]. Diese Entdeckung der Irrationalität war die Geburtsstunde der sogenannten *Approximationstheorie* für inkommensurable Verhältnisse.

Der mathematische Kerngedanke bei der Approximation besteht darin, reelle Zahlen möglichst gut durch rationale Zahlen zu approximieren. Nun gilt es zunächst eine „gute Approximation" zu präzisieren, da die Menge der rationalen Zahlen *dicht* in der Menge der reellen Zahlen liegt. Das bedeutet, dass man irrationale Zahlen beliebig genau durch rationale Zahlen approximieren kann. Der sogenannte *Dirichletsche Approximationssatz* liefert eine noch stärkere Aussage als die Aussage, dass die rationalen Zahlen dicht in den reellen Zahlen liegen. Dieser besagt nämlich, dass für eine beliebige Irrationalzahl unendlich viele teilerfremde rationale $\frac{p}{q}$ mit $p, q \in \mathbb{Z}, q > 0$ existieren, die die gegebene Irrationalzahl, mit einem Fehler kleiner als $\frac{1}{q}$ approximieren. Der Satz besteht aus zwei Teilen. Wir schauen uns nun beide genauer an. Bei der Darstellung orientieren wir uns an Bundschuh [2].

Satz 3.4 (Dirichletscher Approximationssatz).

Sei $a \in \mathbb{R}$ und $n \in \mathbb{N}$, $n \geq 2$. Dann existiert ein gekürzter Bruch $\frac{p}{q}$ ($p, q \in \mathbb{Z}$, $q > 0$, $\mathrm{ggT}(p,q) = 1$) mit $1 \leq q \leq n$ und

$$\left| a - \frac{p}{q} \right| < \frac{1}{n}. \tag{3.1}$$

Wenn a irrational ist, dann gibt es unendlich viele $\frac{p}{q}$ mit $p, q \in \mathbb{Z}, q > 0$, $\mathrm{ggT}(p,q) = 1$ und

$$\left| a - \frac{p}{q} \right| < \frac{1}{q}. \tag{3.2}$$

Bevor wir diesen Satz beweisen, wollen wir zunächst eine Definition formulieren und uns dazu Beispiele anschauen.

Definition 3.5. Wir schreiben $\lfloor a \rfloor$ für die größte ganze Zahl, die kleiner oder gleich einer reellen Zahl a ist. Zudem ist $\{a\}$ der gebrochene Anteil einer Zahl $a \in \mathbb{R}$, also $a = \lfloor a \rfloor + \{a\}$ mit $\{a\} \in [0,1)$.

Beispiel 3.6. Hier zwei Beispiele für $\lfloor a \rfloor$: $\lfloor \frac{24}{5} \rfloor = 4$, $\lfloor -\frac{3}{2} \rfloor = -2$ und für $\{a\}$: $\{\frac{24}{5}\} = \frac{4}{5}, \{-\frac{3}{2}\} = \frac{1}{2}$

Beweis. Wir betrachten zunächst (3.1) und zerlegen das Einheitsintervall $[0,1)$ in n Teilintervalle $[0, \frac{1}{n}), [\frac{1}{n}, \frac{2}{n}) \ldots [\frac{n-1}{n}, 1)$. Jeder der gebrochenen Anteile $\{0\}, \{a\}, \{2a\} \ldots \{na\}$ liegt in einem der n Teilintervalle $[\frac{i}{n}, \frac{i+1}{n})$ mit $i = 0, \ldots n-1$.

Das Schubfachprinzip besagt, dass wenn wir $n+1$ Zahlen und n Intervalle haben, mindestens zwei der Zahlen im selben Teilintervall liegen müssen. Diese beiden Zahlen seien $\{ax_1\}$ und $\{ax_2\}$, wobei o.B.d.A. $x_1 < x_2$ sei. D.h. wir finden $0 \leq x_1 < x_2 \leq n$ mit

$$|\{ax_2\} - \{ax_1\}| < \frac{1}{n}.$$

und mit der Definition 3.5 folgt

$$(x_2 - x_1) \cdot a = \lfloor ax_2 \rfloor - \lfloor ax_1 \rfloor + \{ax_2\} - \{ax_1\}. \tag{3.3}$$

Wir setzen $p := \lfloor ax_2 \rfloor - \lfloor ax_1 \rfloor$ und $q := x_2 - x_1$. Wegen $0 \leq x_1 < x_2 \leq n$ folgt $1 \leq q \leq n$. (Wenn der Bruch $\frac{p}{q}$ ungekürzt sein sollte, kann man ihn kürzen, so dass die Ungleichung $1 \leq q \leq n$ richtig bleibt.) Ferner folgt, aus (2.3)

$$a - \frac{\lfloor ax_2 \rfloor - \lfloor ax_1 \rfloor}{x_2 - x_1} = \frac{\{ax_2\} - \{ax_1\}}{x_2 - x_1}, \text{ also } \left| a - \frac{p}{q} \right| < \frac{1}{n}$$

(da $|\{ax_2\} - \{ax_1\}| < \frac{1}{n}$ und $x_2 - x_1 \geq 1$) mit $1 \leq q \leq n$.

Damit haben wir den ersten Teil des Satzes bewiesen. Wir schauen uns nun die zweite Aussage, also (3.2) an, wobei die Zahl a jetzt irrational ist.
Zu jedem $n = 2,3,\ldots$ existiert nach (3.1) ein Paar $(p(n), q(n)) \in \mathbb{Z} \times \mathbb{N}$ mit

$$\left| a - \frac{p(n)}{q(n)} \right| < \frac{1}{n} , \ q(n) \leq n$$

wir setzen $p(n)$ und $q(n)$ als teilerfremd voraus. Wenn wir nur endlich viele verschiedene Paare $(p(n), q(n)), n = 2,3,\ldots$hätten, dann müsste es für ein $(p_0, q_0) \in \mathbb{Z} \times \mathbb{N}$ unendlich viele n mit $p(n) = p_0$, $q(n) = q_0$ und für diese nach (3.1)

$$\left| a - \frac{p_0}{q_0} \right| < \frac{1}{n}$$

gelten. Daraus würde $a = \frac{p_0}{q_0}$, also die Rationalität von a folgen, was zu einem Widerspruch zur Annahme führt, womit auch der zweite Teil des Satzes bewiesen ist. $\qquad \square$

Nun kann man sich die Frage stellen, ob es so etwas wie eine „bestmögliche" Approximation gibt. *Das Gesetz der besten Approximationen*, das von Lagrange bewiesen wurde, besagt, dass $\frac{p}{q} \in \mathbb{Q}$ genau dann eine beste Approximation einer reellen Zahl ist, wenn sie durch eine *Kettenbruchentwicklung* gegeben ist [12].

Definition 3.7. Es sei $\frac{p}{q}$ ($p, q \in \mathbb{Z}, q > 0$ und $\mathrm{ggT}(p,q) = 1$). Dann heißt $\frac{p}{q}$ beste Approximation von $a \in \mathbb{R}$, wenn für alle rationalen Zahlen $\frac{p'}{q'}$ mit $1 \le q' \le q$ und $\frac{p'}{q'} \ne \frac{p}{q}$ die Ungleichung

$$\left| \frac{p}{q} - a \right| < \left| \frac{p'}{q'} - a \right|$$

gilt.

Bemerkung 3.8. Wenn wir a nicht genauso gut wie durch $\frac{p}{q}$ durch eine rationale Zahl, mit kleinerem oder gleichem Nenner als q approximieren können, dann haben wir eine „beste Approximation" von a gefunden.

Satz 3.9. (Das Gesetz der besten Approximationen) Es sei $\frac{p_n}{q_n}$ mit ein Näherungsbruch (genaue Definition von Näherungsbrüchen folgt) von $a \in \mathbb{R} \setminus \mathbb{Q}$. Dann gilt für alle $\frac{p}{q}$($p, q \in \mathbb{Z}, q > 0$ und $\mathrm{ggT}(p,q) = 1$) mit $1 \le q \le q_n$ und $\frac{p}{q} \ne \frac{p_n}{q_n}$ die Ungleichung

$$\left| \frac{p}{q} - a \right| > \left| \frac{p_n}{q_n} - a \right|.$$

D.h. die Näherungsbrüche von einer Kettenbruchdarstellung $a \in \mathbb{R}$ sind beste Approximationen.

Der Beweis dieses Satzes wird alsbald erfolgen. Für ein besseres Verständnis schauen wir uns zuvor Definitionen und wichtige Eigenschaften von *Näherungs-* und *Kettenbrüchen* an.

Da endliche Kettenbrüche rationale Zahlen liefern, kommen für irrationale Zahlen *unendliche* Kettenbrüche in Frage. Von nun an betrachten wir deshalb nur Kettenbrüche dieser Art und folgen hier den Darstellungen aus Bundschuh [2] und Hardy [5].

Näherungsbrüche und unendliche Kettenbrüche

Definition 3.10. Für $a_0 \in \mathbb{Z}$ und $a_1, a_2, \ldots \in \mathbb{N}$ ist $\langle a_0, a_1, a_2, \ldots \rangle := \lim_{n \to \infty} \langle a_0, \ldots, a_n \rangle$ bzw.

$$\langle a_0, a_1, a_2, \ldots \rangle = a_0 + \cfrac{1}{a_1 + \cfrac{1}{a_2 + \cfrac{1}{\ddots}}},$$

heißt *unendlicher Kettenbruch* und bricht man den Kettenbruch nach der $n-$ten Stelle ab, dann erhalten wir

9

$$\langle a_0, \ldots, a_n \rangle = a_0 + \cfrac{1}{a_1 + \cfrac{1}{a_2 + \cfrac{1}{\ddots \; a_{n-1} + \cfrac{1}{a_n}}}},$$

wobei $a_0 \in \mathbb{Z}$ und $a_1, \ldots, a_n \in \mathbb{N}$. Dieser Ausdruck $r_n := \langle a_0, \ldots a_n \rangle$ heißt *n–ter Näherungsbruch*.

Mit dieser Definition haben wir implizit vorausgesetzt, dass die Folge (r_n) konvergiert. Wir werden dieses im weiteren Verlauf dieses Kapitels beweisen. Nun schauen wir uns ein Beispiel zur Definition 3.10 an.

Beispiel 3.11.

$$r_0 = \langle a_0 \rangle = \frac{a_0}{1}$$

$$r_1 = \langle a_0, a_1 \rangle = a_0 + \frac{1}{a_1} = \frac{a_1 a_0 + 1}{a_1}$$

$$r_2 = \langle a_0, a_1, a_2 \rangle = a_0 + \frac{1}{a_1 + \frac{1}{a_2}} = a_0 + \frac{a_2}{a_2 a_1 + 1} = \frac{a_2(a_1 a_0 + 1) + a_0}{a_2 a_1 + 1}$$

Bemerkung 3.12. Wir lassen gegebenenfalls für die in 3.10 definierten endlichen Kettenbrüche reelle Einträge mit $x_0 \in \mathbb{R}, x_1, x_2, \ldots, x_n \in (0, \infty)$, zu.

Aus dem Beispiel 3.11 wird deutlich, dass auf diese Art die Berechnung der Näherungsbrüche sehr umständlich ist. Durch ein rekursives Bildungsgesetz für Zähler und Nenner wird die Berechnung erheblich vereinfacht.

Satz 3.13. (Bildungsgesetz der Näherungsbrüche)
Sei $a_0 \in \mathbb{Z}$ und $a_1, a_2, \ldots, a_n \in \mathbb{N}$. Wir setzen

$$p_{-2} := 0, \qquad p_{-1} := 1, \qquad p_n := a_n p_{n-1} + p_{n-2} \qquad (n \geq 0)$$
$$q_{-2} := 1, \qquad q_{-1} := 0, \qquad q_n := a_n q_{n-1} + q_{n-2} \qquad (n \geq 0)$$

Für jedes n mit $(n \geq 0)$ und jedes $x \in (0, \infty)$ gilt

$$\langle a_0, \ldots, a_{n-1}, x \rangle = \frac{x p_{n-1} + p_{n-2}}{x q_{n-1} + q_{n-2}}$$

Also gilt insbesondere

$$r_n = \langle a_0, \ldots, a_{n-1}, a_n \rangle = \frac{a_n p_{n-1} + p_{n-2}}{a_n q_{n-1} + q_{n-2}} = \frac{p_n}{q_n}$$

Bemerkung 3.14. Es ist $p_0 = a_0, p_1 = a_0 a_1 + 1, p_2 = a_2(a_0 a_1 + 1) + a_0$ und $q_0 = 1, q_1 = a_1, q_2 = a_2 a_1 + 1$ (vergleiche mit der Berechnung von r_0, r_1, r_2). Weiterhin ist $q_0 \leq q_1 < q_2 < q_3 < q_4 \ldots$

Beweis. (*Induktiv*)
Für $n = 0$ stimmt die Behauptung, da

$$\langle x \rangle = x = \frac{x p_{-1} + p_{-2}}{x q_{-1} + q_{-1}}.$$

Angenommen die Behauptung stimmt für $n = l$ mit $0 \leq l$ (Induktionsannahme). Dann gilt sie auch für $n = l + 1$, denn:

$$\langle a_0, \ldots, a_l, x \rangle = \langle a_0, \ldots, a_{l-1}, a_l + \frac{1}{x} \rangle$$

$$\overset{\text{Induktionsannahme}}{=} \frac{(a_l + \frac{1}{x}) p_{l-1} + p_{l-2}}{(a_l + \frac{1}{x}) q_{l-1} + q_{l-2}}$$

$$= \frac{x a_l p_{l-1} + p_{l-1} + x p_{l-2}}{x a_l q_{l-1} + q_{l-1} + x q_{l-2}}$$

$$= \frac{x(a_l p_{l-1} + p_{l-2}) + p_{l-1}}{x(a_l q_{l-1} + q_{l-2}) + q_{l-1}}$$

$$= \frac{x p_l + p_{l-1}}{x q_l + q_{l-1}}$$

$\square$

Satz 3.15. (Eigenschaften von Näherungsbrüchen)
Seien wieder $a_0, \ldots, a_n, p_{-2}, \ldots, p_n, q_{-2}, \ldots, q_n, r_0, \ldots, r_n$ wie in Satz 3.13. Dann gelten:

1. Für $n \geq -2$ ist $p_{n+1} q_n - p_n q_{n+1} = (-1)^n$

2. Für $n \geq 0$ ist $r_{n+1} - r_n = \frac{(-1)^n}{q_n q_{n+1}}$.

Beweis.

1. Induktiv.

    Für $n = -2$, stimmt die Behauptung, da $p_{-1} q_{-2} - p_{-2} q_{-1} = 1 = (-1)^{-2}$. Angenommen, die Behauptung stimmt für $n = l$, mit $-2 \leq l$ (Induktionsannahme), dann auch für $n = l + 1$, da

11

$$p_{l+2}q_{l+1} - p_{l+1}q_{l+2} = (a_{l+2}p_{l+2} + p_l)q_{l+1} - p_{l+1}(a_{l+2}q_{l+1} + q_l)$$
$$= -(p_{l+1}q_l - p_lq_{l+1})$$
$$\overset{\text{Induktionsannahme}}{=} -(-1)^l$$
$$= (-1)^{l+1}$$

2. Es ist

$$r_{n+1} - r_n = \frac{p_{n+1}}{q_{n+1}} - \frac{p_n}{q_n} = \frac{p_{n+1}q_n - p_nq_{n+1}}{q_nq_{n+1}} \overset{1.}{=} \frac{(-1)^n}{q_nq_{n+1}}.$$

$\square$

Folgerung 3.16. Wegen $p_lq_{l-1} - p_{l-1}q_l = (-1)^{l-1}$ für $0 \leq l$ folgt, dass p_l und q_l teilerfremd sind.

Lemma 3.17 (Einschließungskriterium).
Es seien drei Folgen $(a_n), (b_n), (c_n)$ gegeben, für die die Ungleichung $a_n \leq b_n \leq c_n$ $(n \geq n_0)$ gilt. Wenn (a_n) und (c_n) gegen den selben Grenzwert a konvergieren, also

$$\lim_{n \to \infty} a_n = a = \lim_{n \to \infty} c_n,$$

dann konvergiert auch die Folge (b_n) gegen den Grenzwert a, d.h. $b_n \to a$ für $n \to \infty$.

Beweis. Nach Voraussetzung ist $\lim_{n \to \infty} a_n = a = \lim_{n \to \infty} c_n$, so dass zu jedem gegebenen $\epsilon > 0, n_1, n_2 \in \mathbb{N}$ existieren mit

$$\text{für alle } n \geq n_1 \text{ gilt } |a_n - a| < \epsilon \quad \text{d.h. } a - \epsilon < a_n < a + \epsilon,$$
$$\text{für alle } n \geq n_2 \text{ gilt } |b_n - a| < \epsilon \quad \text{d.h. } a - \epsilon < b_n < a + \epsilon.$$

So gilt daher für $n \geq n_3 := \max\{n_0, n_1, n_2\}$, $a - \epsilon < a_n \leq b_n \leq c_n < a + \epsilon$, also $-\epsilon < b_n - a < \epsilon$ bzw. $|b_n - a| < \epsilon$, womit auch die Konvergenz von (b_n) gegen den Grenzwert a gezeigt ist. $\square$

Behauptung 3.18. Die Folge (r_n) mir $r_n := \langle a_0, \ldots, a_n \rangle$ konvergiert.

Beweis. Seien wieder $a_0, \ldots, a_n, p_{-2}, \ldots, p_n, q_{-2}, \ldots, q_n, r_0, \ldots, r_n$ wie in Satz 3.13. Nun wissen wir bereits, dass dann

- $1 = q_0 \leq q_1 < q_2 < q_3 \ldots$ (da $q_n \in \mathbb{N}$ gilt für $n \geq 0$ insbesondere $q_n \geq n$).

- $r_n = \frac{p_n}{q_n}$

- $r_{n+1} - r_n = (-1)^n \frac{1}{q_nq_{n+1}}$, wobei $\frac{1}{q_nq_{n+1}}$ streng monoton fallend

12

Man erhält aus dem dritten Punkt die folgende unendliche Ungleichungskette für die Näherungsbrüche des Kettenbruchs:

$$r_0 < r_2 < r_4 < \ldots < r_{2n} < \ldots < r_{2n+1} < \ldots < r_5 < r_3 < r_1.$$

Die Näherungsbrüche mit einem geraden Index bilden eine streng monoton steigende Folge und sind nach oben beschränkt (etwa durch r_1). Demnach konvergiert die Folge von unten gegen einen Grenzwert, den wir als r_g bezeichnen. Näherungsbrüche mit einem ungeraden Index bilden eine streng monoton fallende Folge und sind nach unten (etwa durch r_0) beschränkt. Die Folge konvergiert also von oben gegen einen Grenzwert, den wir als r_u bezeichnen. Da $r_{2n} < r_{2n+1}$, gilt für die Grenzwerte der Folgen $r_{2n} < r_g \le r_u < r_{2n+1}$ für alle $n \in \mathbb{N}_0$. Da

$$r_u - r_g = \lim_{n \to \infty} (r_{2n+1} - r_{2n}) = \lim_{n \to \infty} \frac{1}{q_{2n} q_{2n+1}} = 0$$

(benutze das Einschließungskriterium $0 \le \frac{1}{q_{2n} q_{2n+1}} \le \frac{1}{2n(2n+1)}$)

konvergiert die Folge (r_n) mit dem Grenzwert $r = r_u = r_g$, und zusätzlich gilt $r_{2n} < r < r_{2n+1}$ für alle $n \in \mathbb{N}_0$.

Folgerung 3.19. Hieraus folgern wir, dass r immer zwischen r_n und r_{n+1} liegt und somit $|r - r_n| < |r_{n+1} - r_n| = \frac{1}{q_n q_{n+1}}$.

$\square$

Bemerkung 3.20. Man kann aus den Rechenregeln für Grenzwerte folgendes festhalten:

Einen unendlichen Kettenbruch $\langle a_0, a_1, a_2, \ldots \rangle$ können wir folgendermaßen umformen:

$$\langle a_0, a_1, a_2, \ldots \rangle = \lim_{n \to \infty} \langle a_0, a_1, a_2, \ldots, a_n \rangle = \lim_{n \to \infty} \left(a_0 + \frac{1}{\langle a_1, a_2, \ldots, a_n \rangle} \right) =$$
$$a_0 + \frac{1}{\lim_{n \to \infty} \langle a_1, a_2, \ldots, a_n \rangle} = a_0 + \frac{1}{\langle a_1, a_2, a_3, \ldots \rangle}.$$

Diese Regel wird uns gleich beim Beweisen hilfreich sein.

Satz 3.21. (Irrationalität und Eindeutigkeit der Darstellung) Es gilt
1) Ein unendlicher Kettenbruch $\langle a_0, a_1, a_2, \ldots \rangle$ ist stets irrational.

2) Gilt für zwei unendliche Kettenbrüche $\langle a_0, a_1, a_2, \ldots \rangle = \langle b_0, b_1, b_2, \ldots \rangle$, dann ist $a_n = b_n$ für alle n.

Beweis. 1) Wir wissen aus Behauptung 3.18, dass $a = \langle a_0, a_1, a_2, \ldots \rangle$ stets zwischen zwei aufeinanderfolgenden Näherungsbrüchen $r_n = \frac{p_n}{q_n}, r_{n+1} = \frac{p_{n+1}}{q_{n+1}}$ liegt. Daraus folgt

$$0 \; < \; |a - r_n| < |r_{n+1} - r_n| \; (\text{wir multiplizieren mit } q_n \text{ und erhalten})$$

$$\text{also} \quad 0 \; < \; |q_n a - p_n| < q_n |r_{n+1} - r_n| = q_n \frac{1}{q_{n+1} q_n} = \frac{1}{q_{n+1}}.$$

Wir nehmen nun an, dass $a = \frac{c}{d}$ rational wäre. Dann gilt für hinreichend große n

$$0 < |q_n c - p_n d| < \frac{d}{q_{n+1}} < 1.$$

Da $|q_n c - p_n d|$ insgesamt eine ganze Zahl ist, muss wegen $|q_n c - p_n d| < 1$ eine ganze Zahl zwischen 0 und 1 existieren, das zum Widerspruch führt, also ist unsere Behauptung bewiesen.

2) Nun kommen wir zu unserem zweiten Beweis.

Ist $a = \langle a_0, a_1, a_2, \ldots \rangle$, so gilt $r_0 < a < r_1$. Diese Ungleichung kann äquivalent umgeformt werden in $a_0 < a < a_0 + \frac{1}{a_1}$. Aus unserer Definition 3.10 wissen wir, dass $a_1 \geq 1$ ist. Daraus folgt die Ungleichung $a_0 < a < a_0 + 1$. Aus dieser Eigenschaft folgern wir, dass $\lfloor a \rfloor = a_0$ ist.

Wir nehmen nun an, dass $\langle a_0, a_1, \ldots \rangle = a = \langle b_0, b_1, \ldots \rangle$. Mit der Grenzwertregel aus der Bemerkung 3.20 können wie diese folgendermaßen umschreiben:

$$a_0 + \frac{1}{\langle a_1, a_2, a_3, \ldots \rangle} = a = b_0 + \frac{1}{\langle b_1, b_2, b_3 \ldots \rangle}.$$

Wir haben festgestellt, dass $a_0 = \lfloor a \rfloor = b_0$ ist. Somit gilt also:

$$\langle a_1, a_2, a_3, \ldots \rangle = \langle b_1, b_2, b_3, \ldots \rangle.$$

Nun können wir diese Methode mit Verschiebung der Indizes wiederholen. So erhalten wir $a_1 = b_1$, woraus folgt:

$$\langle a_2, a_3, a_4, \ldots \rangle = \langle b_2, b_3, b_4, \ldots \rangle.$$

Durch Induktion lässt sich diese Methode fortsetzen, so dass unsere Behauptung $a_n = b_n$ für alle $n \geq 0$ gezeigt ist. $\qquad \square$

Verallgemeinerter euklidischer Algorithmus

Der Kettenbruch einer rationalen Zahl wird unter Anwendung des euklidischen Algorithmus berechnet. Hierbei wird sukzessiv eine ganzzahlige Division mit Rest ausgeführt und mit dem Kehrwert des Rests weitergerechnet. Die Reihe der ganzen Anteile bildet den Kettenbruch. Der Kettenbruch einer irrationalen Zahl wird mithilfe des sogenannten *verallgemeinerten euklidischen Algorithmus* berechnet. Das Prinzip der fortgesetzten Division funktioniert analog: es wird sukzessiv eine ganzzahlige Division durchgeführt und mit dem Kehrwert des abgerundeten Rests weitergerechnet.

Verallgemeinerter euklidischer Algorithmus: Für eine irrationale Zahl $x \in \mathbb{R}$ setzen wir $x_0 = x$ und $a_0 = \lfloor x_0 \rfloor$. Für $n \geq 0$ sei weiterhin $x_{n+1} = \frac{1}{x_n - a_n}$ und $a_{n+1} = \lfloor x_{n+1} \rfloor$.

Bemerkung 3.22. Starten wir mit einer irrationalen Zahl x, so ist x_0 irrational und somit $x_0 - a_0 > 0$, sodass wir durch $x_0 - a_0$ teilen dürfen und erhalten $x_1 = \frac{1}{x_0 - a_0}$, das auch irrational ist. Analog sind $x_2 = \frac{1}{x_1 - a_1}$, $x_3 = \frac{1}{x_2 - a_2}$ usw. alle definiert und irrational, so dass also stets $x_n > a_n$ gilt. Also ist stets $a_n < x_n < a_n + 1$ und somit $0 < x_n - a_n < 1$, also $x_{n+1} > 1$ und $a_{n+1} \in \mathbb{N}$. Der Algorithmus liefert also $a_0 \in \mathbb{Z}$ und $a_1, a_2, \ldots \in \mathbb{N}$.

Satz 3.23. Ist $x \in \mathbb{R}$ irrational, und sind $a_0, a_1, \ldots$ wie im verallgemeinerten euklidischen Algorithmus, dann gilt $x = \langle a_0, a_1, \ldots \rangle$.

Beweis. Für die Zahlen $x_0, x_1, \ldots$ und $a_0, a_1, \ldots$ im verallgemeinerten euklidischen Algorithmus gilt (vergleiche Satz 3.13 und Bemerkung 3.12)

$$
\begin{aligned}
x &= \langle x_0 \rangle \\
&= \langle a_0 + \frac{1}{x_1} \rangle = \langle a_0, x_1 \rangle \\
&= \langle a_0, a_1 + \frac{1}{x_2} \rangle = \langle a_0, a_1, x_2 \rangle \\
&= \ldots \\
&= \langle a_0, a_1, \ldots, a_n + \frac{1}{x_{n+1}} \rangle = \langle a_0, a_1, \ldots, a_n, x_{n+1} \rangle \\
&= \frac{x_{n+1} p_n + p_{n-1}}{x_{n+1} q_n + q_{n-1}}
\end{aligned}
$$

wobei wieder

$$
\begin{aligned}
p_{-2} &:= 0, & p_{-1} &:= 1, & p_n &:= a_n p_{n-1} + p_{n-2} & (n \geq 0) \\
q_{-2} &:= 1, & q_{-1} &:= 0, & q_n &:= a_n q_{n-1} + q_{n-2} & (n \geq 0)
\end{aligned}
$$

Für $n \geq 1$ liefert das

$$
|r_n - x| = \left| \frac{p_n}{q_n} - \frac{x_{n+1} p_n + p_{n-1}}{x_{n+1} q_n + q_{n-1}} \right| = \left| \frac{p_n q_{n-1} - p_{n-1} q_n}{q_n(x_{n+1} q_n + q_{n-1})} \right|
$$

$$
\overset{3.13}{=} \frac{1}{q_n(x_{n+1} q_n + q_{n-1})} \overset{x_{n+1} \geq 1}{\leq} \frac{1}{(q_n)^2} \leq \frac{1}{n^2},
$$

also

$$
\lim_{n \to \infty} |r_n - x| = 0,
$$

15

also erhalten wir

$$x = \lim_{n \to \infty} r_n = \langle a_0, a_1, \ldots \rangle.$$

$\square$

Das Interesse, warum wir Näherungs- und unendliche Kettenbrüche betrachtet haben, war, dass diese gute Approximationen an irrationale Zahlen liefern. Sie liefern jedoch nicht nur gute Approximationen, sondern *bestmögliche*. Nun sind wir so weit, dass wir den Beweis für das Gesetz der besten Approximationen (Satz 3.9) durchführen können. Bevor wir diese wichtige Behauptung verifizieren, benötigen wir noch den Beweis einer Tatsache.

Lemma 3.24. Für einen unendlichen Kettenbruch, der gegen eine Zahl $a \in \mathbb{R}$ konvergiert, liegt jeder Näherungsbruch $\frac{p_n}{q_n}$ näher an a als der vorherige Näherungsbruch $\frac{p_{n-1}}{q_{n-1}}$,

$$\text{also} \quad \left| a - \frac{p_n}{q_n} \right| < \left| a - \frac{p_{n-1}}{q_{n-1}} \right|$$

Beweis. Sei $a = \langle a_0, a_1, a_2, \ldots \rangle$ ein unendlicher Kettenbruch mit den Näherungsbrüchen $\frac{p_1}{q_1}, \frac{p_2}{q_2}, \frac{p_3}{q_3}, \ldots$
Nun können liefert uns der verallgemeinerte euklidische Algorithmus (vgl. Satz 3.23) und die Eindeutigkeit unendlicher Kettenbrüche (vgl. Satz 3.21)

$$a = \langle a_0, a_1, a_2, \ldots, a_n, x \rangle.$$

Dann erhalten wir, wie wir auch in Satz 3.13 gesehen haben

$$a = \frac{x p_n + p_{n-1}}{x q_n + q_{n-1}}.$$

Aus dieser Gleichung folgt

$$x(a q_n - p_n) = p_{n-1} - a q_{n-1} = -q_{n-1} \left(a - \frac{p_{n-1}}{q_{n-1}} \right).$$

Folglich erhalten wir durch Division mit $x q_n$

$$a - \frac{p_n}{q_n} = \left(-\frac{q_{n-1}}{x q_n} \right) \left(a - \frac{p_{n-1}}{q_{n-1}} \right).$$

Da aber $q_{n-1} < q_n$ und $x > 1$ (vgl. Verallgemeinerter Euklidischer Algorithmus), halten wir fest, dass

$$\left| a - \frac{p_n}{q_n} \right| < \left| a - \frac{p_{n-1}}{q_{n-1}} \right|.$$

$\square$

Nun können wir den Satz 3.9 beweisen. Zur Erinnerung: Es sei $\frac{p_n}{q_n}$ mit ein Näherungsbruch von $a \in \mathbb{R} \setminus \mathbb{Q}$. Dann gilt für alle $\frac{p}{q}$ ($p, q \in \mathbb{Z}, q > 0$ und $\text{ggT}(p, q) = 1$) mit $1 \leq q \leq q_n$ und $\frac{p}{q} \neq \frac{p_n}{q_n}$ die Ungleichung

$$\left| \frac{p}{q} - a \right| > \left| \frac{p_n}{q_n} - a \right|.$$

Das ist der Satz, den wir nun beweisen wollen.

Beweis. Es gibt zwei Fälle. Wir beginnen mit dem einfacheren Fall.
1. Fall: Wir nehmen an, dass auch $a < \frac{p}{q} < \frac{p_n}{q_n}$ oder $\frac{p_n}{q_n} < \frac{p}{q} < a$. Folglich

$$0 < \left| \frac{p_n}{q_n} - \frac{p}{q} \right| < \left| \frac{p_n}{q_n} - x \right| < \frac{1}{q_n q_{n+1}},$$

mit der Folgerung 3.19 aus der Behauptung 3.18.
Durch Multiplikation mit qq_n erhalten wir

$$0 < \underbrace{| qp_n - pq_n |}_{\neq 0, \ \in \mathbb{N}} < \frac{q}{q_{n+1}}.$$

Aber $qp_n - pq_n$ ist ganzzahlig, also $q > q_{n+1} > q_n$ (da $\dfrac{q}{q_{n+1}} > 1$) wie gewünscht.
2. Fall: Wir nehmen nun an, dass $\frac{p}{q} < x < \frac{p_n}{q_n}$ oder $\frac{p_n}{q_n} < x < \frac{p}{q}$. Aber mit Lemma 3.24 bedeutet das gleichzeitig

$$\frac{p_{n-1}}{q_{n-1}} < \frac{p}{q} < x < \frac{p_n}{q_n} \text{ oder } \frac{p_n}{q_n} < x < \frac{p}{q} < \frac{p_{n-1}}{q_{n-1}}.$$

Folglich

$$0 < \left| \frac{p_{n-1}}{q_{n-1}} - \frac{p}{q} \right| < \left| \frac{p_{n-1}}{q_{n-1}} - x \right| < \frac{1}{q_{n-1} q_n},$$

mit Satz 3.15. Durch Multiplikation mit qq_{n-1} erhalten wir

$$0 < |qp_{n-1} - pq_{n-1}| < \frac{q}{q_n}.$$

Da $qp_{n-1} - pq_{n-1}$ ganzzahlig ist, also $q > q_n$ (da $\dfrac{q}{q_n} > 1$) wie gewünscht. Damit haben wir gezeigt, was wir zeigen wollten.

$\square$

Zwischenresümee

Uns hat bisher die Frage beschäftigt, wie Irrationalzahlen, die nicht als Verhältnis zweier ganzer Zahlen ausgedrückt werden können, möglichst gut approximiert werden können. Dazu haben wir das Gesetz der besten Approximationen in den Blick genommen, das besagt, dass die besten rationalen Approximationen durch die Näherungsbrüche der Kettenbruchentwicklung gegeben sind. Zur Verifizierung dieser Behauptung haben wir zunächst wichtige Eigenschaften von Näherungsbrüchen erarbeitet und uns zur Berechnung der Kettenbruchentwicklung den verallgemeinerten euklidischen Algorithmus angeschaut und schließlich gezeigt, dass in der Tat die Kettenbruchentwicklung einer irrationalen Zahl eine „beste" approximierende Folge von Brüchen ergibt. Nun wollen wir zu unserem Hauptinteresse zurückkommen und unsere gewonnenen Erkenntnisse auf φ übertragen.

Die Kettenbruchentwicklung von φ

Wir folgen hier der Darstellung von Beutelspacher [1].

Uns sind folgende Tatsachen über unendliche Kettenbrüche bekannt:

- Jeder unendliche Kettenbruch konvergiert und stellt eine irrationale (reelle) Zahl dar.

- Jede reelle Zahl a kann als Kettenbruch dargestellt werden. Diese Darstellung ist für irrationale Zahlen eindeutig. Der Kettenbruch einer reellen Zahl a ist genau dann endlich, wenn a rational ist, und genau dann unendlich, wenn a irrational ist.

Mit diesem Wissen wollen wir nun Überlegungen anstellen, wie der Kettenbruch des goldenen Schnitts aussieht. Dazu werden wir als erstes die Kettenbruchentwicklung mithilfe des verallgemeinerten euklidischen Algorithmus berechnen (1.). Als zweite „Möglichkeit" werden wir dann durch sukzessives Einsetzen von φ in eine Gleichung, die φ erfüllt, den Kettenbruch bestimmen (2.).

Definition 3.25. Eine Ziffernfolge, die sich endlos wiederholt, heißt Periode.
Beispiel: $\frac{1}{3} = 0{,}333\ldots = 0{,}\overline{3}$

(1.) Wir wenden den verallgemeinerten euklidischen Algorithmus auf $x = \dfrac{1+\sqrt{5}}{2}$ an und erhalten

$$x_0 = \frac{1+\sqrt{5}}{2}, \ a_0 = \lfloor x_0 \rfloor = 1 \quad \left(\text{da} \quad 1 < \frac{1+\sqrt{5}}{2} < 2\right)$$

$$x_1 = \frac{1}{x_0 - a_0} = \frac{1}{\frac{1+\sqrt{5}}{2} - 1} = \frac{1+\sqrt{5}}{2} = x_0, \text{also} \quad a_1 = a_0, x_2 = x_1 \quad \text{usw.}$$

und somit $x_0 = x_1 = \ldots$ und $a_0 = a_1 = \ldots$ also

$$\frac{1+\sqrt{5}}{2} = \langle 1, 1, 1, \ldots \rangle = \langle \overline{1} \rangle.$$

(2.) Wie wir wissen, dass φ die quadratische Gleichung $\varphi^2 - \varphi - 1 = 0$ erfüllt. Wir stellen nun diese Gleichung um:

$$
\begin{aligned}
\varphi^2 - \varphi - 1 &= 0 \\
\Leftrightarrow \qquad \varphi^2 &= \varphi + 1 \quad | : \varphi \\
\Leftrightarrow \qquad \varphi &= 1 + \frac{1}{\varphi}
\end{aligned}
$$

Wenn wir nun diese Gleichung sukzessiv in sich selbst einsetzen, erhalten wir:

$$
\begin{aligned}
\varphi &= 1 + \frac{1}{\varphi} \\
&= 1 + \cfrac{1}{1 + \cfrac{1}{\varphi}} \\
&= 1 + \cfrac{1}{1 + \cfrac{1}{1 + \cfrac{1}{\varphi}}} \\
&= 1 + \cfrac{1}{1 + \cfrac{1}{1 + \cfrac{1}{1 + \cfrac{1}{\varphi}}}} \\
&= \ldots
\end{aligned}
$$

Es liegt die Vermutung nahe, dass φ gleich

$$
\varphi = 1 + \cfrac{1}{1 + \cfrac{1}{1 + \cfrac{1}{1 + \cfrac{1}{\ddots}}}}
$$

ist.

Lemma 3.26. Ist x eine positive reelle Zahl mit $x^2 = x + 1$, so ist $x = \varphi$

Beweis. Diese Aussage folgt unmittelbar aus dem Beweis des Satzes 2.4. $\qquad\square$

Satz 3.27. Es gilt $\varphi = \langle 1, 1, 1, \ldots \rangle$.

Beweis. Nach den oben erwähnten Ergebnissen stellt der Kettenbruch $\langle 1, 1, 1, \ldots \rangle$ eine reelle Zahl a dar. Nun müssen wir zeigen, dass $a = \varphi$ gilt. Aus den Rechenregeln für Kettenbrüche folgt

$$1 + \frac{1}{a} = 1 + \frac{1}{\langle 1, 1, 1, \ldots \rangle} = \langle 1, 1, 1, 1, \ldots \rangle = a$$

also ist $a^2 = a + 1$, und da a offensichtlich positiv folgt damit mit Lemma 3.26 $a = \varphi$. $\qquad\square$

Die Kettenbruchentwicklung des Goldenen Schnitts ist also die einfachste aller Kettenbrüche, da sie aus lauter Einsen besteht. Zugleich ist der Goldene Schnitt so *irrational* wie möglich, das heißt, dass er im Vergleich zu anderen reellen Zahlen am schlechtesten durch rationale Zahlen approximierbar ist. Durch einen Vergleich mit der Kreiszahl π, die ebenfalls irrational ist, wollen wir diese Aussage einsichtig machen. Bei der Darstellung der Resultate über π orientieren wir uns an Eymard und Lafon [3].

Mit dem verallgemeinerten euklidischen Algorithmus erhalten wir (die Rechnung wird mit dem Taschenrechner ausgeführt):

$$x_0 = \pi, \; a_0 = \lfloor x_0 \rfloor = 3$$
$$x_1 = \frac{1}{x_0 - a_0} = \frac{1}{\pi - 3}, \; a_1 = \lfloor x_1 \rfloor = 7$$
$$x_2 = \frac{1}{x_1 - a_1} = \frac{1}{x_1 - 7}, \; a_2 = \lfloor x_2 \rfloor = 15$$
$$x_3 = \frac{1}{x_2 - a_2} = \frac{1}{x_2 - 15}, \; a_3 = \lfloor x_3 \rfloor = 1$$
$$\ldots$$

und somit

$$\pi = 3 + \cfrac{1}{7 + \cfrac{1}{15 + \cfrac{1}{1 + \cfrac{1}{\ddots}}}}$$

also $\pi = \langle 3, 7, 15, 1, \ldots \rangle$

Das liefert die folgenden Näherungsbrüche für π

n	a_n	p_n	q_n	r_n
-2	$-$	0	1	$-$
-1	$-$	1	0	$-$
0	3	3	1	$\dfrac{3}{1}$
1	7	22	7	$\dfrac{22}{7}$
2	15	333	106	$\dfrac{333}{106}$
3	1	355	113	$\dfrac{355}{113}$

Wir wissen mit dem Satz über das Gesetz der besten Approximationen, dass es keinen Bruch mit einem kleineren Nenner gibt, der π besser approximiert als die Näherungsbrüche (aus der obigen Näherungstabelle)(z.B. kein Bruch $\frac{p}{q}$ mit dem Nenner q unterhalb 106 kommt näher an π heran als der Bruch $\frac{333}{106}$). Die rationalen Approximationen $3, \frac{22}{7}, \frac{333}{106}, \frac{355}{113}, \cdots$ konvergieren mit wachsender Genauigkeit gegen π.

Die Kettenbruchentwicklung

$$\varphi = 1 + \cfrac{1}{1 + \cfrac{1}{1 + \cfrac{1}{1 + \cfrac{1}{\ddots}}}}$$

liefert die folgenden Näherungsbrüche für φ

n	a_n	p_n	q_n	r_n
-2	-	0	1	-
-1	-	1	0	-
0	1	1	1	$\dfrac{1}{1}$
1	1	2	1	$\dfrac{2}{1}$
2	1	3	2	$\dfrac{3}{2}$
3	1	5	3	$\dfrac{5}{3}$
4	1	8	5	$\dfrac{8}{5}$
5	1	13	8	$\dfrac{13}{8}$

Die Kettenbruchentwicklung der Zahl φ besteht aus lauter Einsen. Aus der Definition 3.10 wissen wir damit, dass auch die Nenner der Näherungsbrüche, die wir oben in der Näherungstabelle berechnet haben, kleinstmöglich sind. Das ist ein Indiz dafür, dass dieser Kettenbruch schlecht konvergiert. Diese Überlegung lässt sich auf Grundlage unserer bisher gewonnen Erkenntnisse über der Theorie über Näherungs- und Kettenbrüche folgendermaßen erklären:

Wir wissen aus unseren Überlegungen aus Kapitel 3.2, dass je nachdem, ob der n–te Näherungsbruch einer Kettenbruchdarstellung einen geraden oder ungeraden Index hat, dass r immer zwischen r_n und r_{n+1} liegt. Wir wissen außerdem, dass der Abstand zwischen $|r - r_{n+1}| < |r - r_n|$. Das bedeutet, dass r immer näher an r_{n+1} liegt, als an r_n. Im Umkehrschluss bedeutet das, dass der Abstand von $|r - r_n|$ größer ist als die Hälfte des gesamten Abstands zwischen $|r_{n+1} - r_n|$.

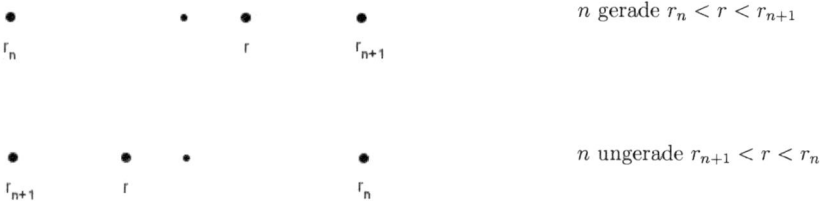

Damit können wir mit dem Wissen, dass r_n eine Approximation von r mit Fehler $<$ $|r_{n+1} - r_n| = \frac{1}{q_n q_{n+1}}$ ist, festhalten

$$\Rightarrow |r - r_n| > \frac{1}{2} |r_{n+1} - r_n| = \frac{1}{2} \frac{1}{q_n q_{n+1}}.$$

Wenn nun q_n und q_{n+1} kleinstmöglich sind, dann ist auch das Produkt aus q_n und q_{n+1} kleinstmöglich, sodass der Kehrwert des Ausdrucks für den Kettenbruch $\langle \overline{1} \rangle$ größtmöglich wird. In diesem Sinne kann man sagen, dass die Zahl φ so irrational wie möglich ist und sich im Vergleich zu anderen Irrationalzahlen besonders schlecht approximieren lässt.

Es existieren weitere Ansätze, die eine Antwort auf die Frage, im welchem Sinne φ so irrational wie möglich ist, zu geben versuchen. Diese referieren stärker auf die Approximationstheorie. Beispielsweise greifen A. Beutelspacher und B. Petri diese Frage auf, das in dem Buch *Der Goldene Schnitt* nachgelesen werden kann.

Als nächstes wollen wir schließlich die Approximation von φ durch die *Fibonacci-Zahlen* in den Blick nehmen. Wir orientieren uns bei unseren Überlegungen an Beutelspacher [1].

3.3 Fibonacci-Zahlen

Johannes Kepler stellte als Erster den Zusammenhang zwischen dem Goldenen Schnitt und seiner Näherung durch rationale Zahlen dar. Er schreibt:

Andererseits gibt es eine Proportion, die sich niemals durch ganze Zahlen ausdrücken lässt und nur durch eine lange Reihe von Zahlen, die sich ihr mehr und mehr nähern, dargestellt werden [6].

Die Zähler und Nenner der Brüche, von denen Kepler spricht, sind die sogenannten berühmten *Fibonacci-Zahlen*, die ihren Namen von dem italienischen Mathematiker *Leanardo von Pisa* haben. Wie bereits am Anfang des 3. Kapitels angekündigt wurde, widmen wir nun unsere Aufmerksamkeit den Fibonacci-Zahlen und nehmen ihren engen Zusammenhang mit dem Goldenen Schnitt in den Blick.

Die ersten zehn Fibonacci-Zahlen (f_n) sind:

$$1,\ 1,\ 2,\ 3,\ 5,\ 8,\ 13,\ 21,\ 34,\ 55, \ldots$$

Es ist also

$$f_1 = 1,\ f_2 = 1,\ f_3 = 2,\ f_4 = 3,\ f_5 = 5,\ f_6 = 8,\ f_7 = 13,\ f_8 = 21,\ f_9 = 34,\ f_{10} = 55,\ \ldots$$

Wenn wir versuchen, die Zahlen $f_1, f_2, f_3, \ldots$ rekursiv zu berechnen:

Beispiel 3.28.

$$f_7 = f_6 + f_5 = 8 + 5 = 13$$
$$f_8 = f_7 + f_6 = 13 + 8 = 21$$

So können wir daraus als rekursive Formel zur Berechnung von f_n festhalten:

$$f_n = f_{n-1} + f_{n-2} \quad \text{bzw. auch} \quad f_{n+1} = f_n + f_{n-1}$$

Definition 3.29. Die Zahlen $f_1, f_2, f_3, \ldots$, die definiert sind durch

1. $f_n = f_{n-1} + f_{n-2}$ (bzw. $f_{n+1} = f_n + f_{n-1}$) für $n \geq 1$, sowie

2. $f_1 = 1$ und $f_2 = 1$

heißen die *Fibonacci-Zahlen*. Die Folge f_n ($f_1, f_2, f_3, \ldots$) bezeichnen wir als *Fibonacci-Folge*. Die Brüche der Form $\frac{f_{n+1}}{f_n}$ sind die sogenannten *Fibonacci-Quotienten*.

Was ist der Wert der Fibonacci-Quotienten?

$$\frac{1}{1} = 1$$
$$\frac{2}{1} = 2$$
$$\frac{3}{2} = 1{,}5$$
$$\frac{5}{3} = 1{,}\overline{6}\ldots$$
$$\frac{8}{5} = 1{,}6$$
$$\frac{13}{8} = 1{,}625\ldots$$
$$\frac{21}{13} = 1{,}615\ldots$$
$$\frac{34}{21} = 1{,}619\ldots$$
$$\frac{55}{34} = 1{,}617\ldots$$
$$\frac{89}{55} = 1{,}618\ldots$$
$$\ldots$$

Es fällt auf, dass die Fibonacci-Quotienten die Näherungsbrüche aus der Kettenbruchentwicklung von φ sind. Daraus wissen wir, dass sich der Wert der Quotienten dem goldenen Schnitt immer mehr annähern. Je größer die Zahl ist, die im Nenner steht, desto näher liegt der Quotient an dem Wert des Goldenen Schnitts. Nun ist unser Anliegen, unabhängig von den Überlegungen über die Theorie der Kettenbrüche, die wir in Kapitel 3.2 angestellt haben, als zweite Möglichkeit der Approximation des Goldenen Schnitts die Approximation durch Fibonacci-Zahlen zu zeigen.

Behauptung 3.30. Es gilt $\lim\limits_{n \to \infty} \dfrac{f_n}{f_{n-1}} = \varphi$.

Beweis. Mit Definition für die Fibonacci-Zahlen haben wir:

$$f_{n+1} = f_n + f_{n-1} \quad | : f_n$$
$$\Leftrightarrow \frac{f_{n+1}}{f_n} = 1 + \frac{f_{n-1}}{f_n}$$

Wir bilden den Kehrwert:

$$\frac{f_{n+1}}{f_n} = 1 + \frac{1}{\frac{f_n}{f_{n-1}}}.$$

Der Grenzwert existiert, da die Folge der Fibonacci-Quotienten nach oben beschränkt ist und alternierend also abwechselnd steigend und fallend (vgl. Wert der Fibonacci-Folgen) konvergiert. Diesen Grenzwert bezeichnen wir x. So können wir mit den Grenzwertregeln umformen

$$\lim_{n \to \infty} \frac{f_{n+1}}{f_n} = \lim_{n \to \infty} \left(1 + \frac{1}{\frac{f_n}{f_{n-1}}} \right) = 1 + \frac{1}{\lim\limits_{n \to \infty} \frac{f_n}{f_{n-1}}}.$$

Den Grenzwert hatten wir als x festgelegt. Damit gilt also $x = 1 + \frac{1}{x}$. Durch Multiplikation mit x erhalten wir $x^2 = x + 1$. Aus Satz 2.4 wissen wir, dass die positive Lösung dieser quadratischen Gleichung $\dfrac{1+\sqrt{5}}{2} = \varphi$ ist. Damit haben wir gezeigt, dass der Wert der Fibonacci-Quotienten gegen den Goldenen Schnitt konvergiert. $\qquad\square$

Resümee

Durch das Gesamtbild der herausgestellten Ergebnisse lässt sich resümierend festhalten, dass sich die irrationale Zahl φ zum einen bestmöglich mithilfe den Näherungsbrüchen der Kettenbruchentwicklung und zum anderen mithilfe der Fibonacci-Folge approximieren lässt. Durch die nähere Auseinandersetzung mit der Approximationstheorie sind wir zu der Folgerung gekommen, dass der Goldene Schnitt φ, im Vergleich zu anderen Irrationalzahlen, so irrational wie möglich ist.

Literatur

[1] A. Beutelspacher, B. Petri. *Der Goldene Schnitt.* Wissenschaftsverlag, 2., überarbeitete und erweiterte Auflage 1995.

[2] P. Bundschuh. *Einführung in die Zahlentheorie.* Springer-Verlag, 6., überarbeitete und aktualisierte Auflage 2008.

[3] P. Eymard, J. P. Lafon. *The number π.* American mathematical society, 1. Auflage 2004.

[4] O. Hagenmaier. *Der Goldene Schnitt - Ein Harmoniegesetz und seine Anwendung.* Weltbild Verlag, 1. Auflage 1989.

[5] G. H. Hardy, E. M. Wright. *An introduction to the theory of numbers.* Oxford University Press, 6. Auflage 2006.

[6] A. Hausmann. *Der Goldene Schnitt - Göttliche Proportionen und noble Zahlen.* Books on Demand GmbH, 1. Auflage 2001.

[7] P. Hemenway. *Der geheime Code - Die rätselhafte Formel, die Kunst, Natur und Wissenschaft bestimmt.* Print Company Verlagsgesellschaft mbH, 1. Auflage 2008.

[8] R. Herz-Fischler. *A mathematical history of the Golden Number.* Dover Publications, INC., 1.Auflage 1987.

[9] M. Livio. *The Golden Ratio - The story of Phi. The world's most astonishing number.* Broadway Books, 1. Auflage 2003.

[10] H. Lüneburg. *Zahlentheorie.* Oldenbourg Wissenschaftsverlag GmbH, 1. Auflage 2010.

[11] H. Menzer. *Zahlentheorie - Fünf ausgewählte Themenstellungen der Zahlentheorie.* Oldenbourg Verlag, 1. Auflage 2010.

[12] N. Oswald, J. Steuding. *Elementare Zahlentheorie - Ein sanfter Einstieg in die höhere Mathematik.* Springer-Verlag, 1. Auflage 2015.

[13] F. Padberg. *Elementare Zahlentheorie.* Spektrum Akademischer Verlag, 3. Auflage 2008.

[14] M. Schmidt. *Diophantine Approximation - Lecture Notes in Mathematics.* Springer-Verlag, 1. Auflage 1980.

[15] A. Van der Schoot. *Die Geschichte des Goldenen Schnitts - Aufstieg und Fall der göttlichen Proportion.* Frommann-Holzboog, 1. Auflage 2005.

[16] J. Watkins. *Number Theory - A Historical Approach.* Princeton University Press, 1. Auflage 2014.

BEI GRIN MACHT SICH IHR WISSEN BEZAHLT

- Wir veröffentlichen Ihre Hausarbeit,
  Bachelor- und Masterarbeit

- Ihr eigenes eBook und Buch -
  weltweit in allen wichtigen Shops

- Verdienen Sie an jedem Verkauf

Jetzt bei www.GRIN.com hochladen
und kostenlos publizieren